Diese Publikation konnte nur Dank großzügiger
Spenden realisiert werden. Unter dem Dach der
Bielefelder Bürgerstiftung trugen Unternehmen
und Privatpersonen dazu bei. Wir danken:

Bielefelder Gemeinnützige Wohnungsgesellschaft
Bielefelder Wohnungsverein eG
BPP Becker Patzelt Pollmann
Hans Kock | Buch- und Offsetdruck GmbH
Hermann-und-Ingrid-Martini-Stiftung
Lions-Hilfe Bielefeld e.V.
Peter Sprick-Schütte

Die Tierparkkarte wurde gesponsort von der
Sparkasse Bielefeld

Ein Riesendank dem ganzen Team vom Tierpark
Olderdissen für die Unterstützung dieses Projekts!

Roland Siekmann, Sven Nieder, Björn Pollmeyer

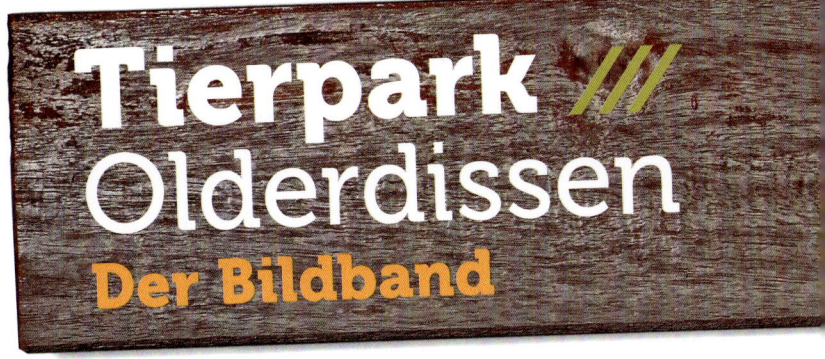

Tierpark /// Olderdissen
Der Bildband

tpk Regionalverlag

4

Inhalt

Da wären zum Beispiel ///
Mitarbeiter im Portrait

Dies vorab, Olderdissen!

/// Vor den Toren der Stadt, harmonisch in die Landschaft des Teutoburger Waldes eingebettet, liegt seit Jahrhunderten der Meierhof Olderdissen. Heute ist er bis weit über die Grenzen Bielefelds hinaus als Standort des Heimat-Tierparks bekannt. Ein wunderschöner alter Baumbestand gibt ihm sein typisches Gepräge; die riesigen Baumkronen der alten Eichen, Buchen und Eschen beschirmen die an den Berghängen und im Tal angelegten Tiergehege. Generationen von Kindern haben hier unzählige Nachmittage und Wochenendausflüge verbracht, und Generationen Erwachsener kehren immer wieder hierher zurück.

Der Tierpark ist frei zugänglich, rund um die Uhr. Kein Zaun umgibt ihn, kein Eintritt wird erhoben und viele Wege führen dorthin. Gefühlt »gehört« er irgendwie allen Bielefeldern, und das ist gut so. Wo sonst sind außerhalb eines großen Zoos auf 15 Hektar Fläche rund 450 Tiere aus fast 100 Arten zu bestaunen – von der Maus bis zum Bären? Der öffentliche Charakter des Parks, seine Qualität als soziale und kulturelle Einrichtung, als Aufenthalts- und Entspannungsort *für Menschen* ist die große Stärke Olderdissens. Sicher, manchmal mögen sich Tierpfleger und Mitarbeiter wünschen, dass einige Störenfriede nicht an die Gehege kämen; dass viele Mühe und liebevolle Kleinarbeit nicht über Nacht zerstört werden könnte. Doch alles in allem ist dies ein Preis, von dem wir anderen profitieren. Und »wir anderen« summieren uns zu geschätzten 600.000 Besuchern im Jahr.

/// Olderdissen nennt sich selbst »Heimat-Tierpark«, so ist das schon seit seiner Gründung. Zwar ist der Begriff aus dem Sprachgebrauch fast verschwunden – man geht eben schlicht »in den Tierpark« –, jedoch blieb das Konzept, dass sich über den Begriff der »Heimat« ausdrücken soll, stets erhalten: Tiere der ursprünglichen Landschaft unserer Breiten werden gezeigt: Baummarder und Kolkraben, Biber und Wildkatzen – und eben keine Kängurus oder Giraffen.

Viele der hier lebenden Tierarten sind in freier mitteleuropäischer Wildbahn aber längst oder fast ausgestorben und mahnen so an einen umweltgerechteren Umgang mit der Natur. Und genau das sieht man in Olderdissen als Bildungsauftrag: die Tiere eben nicht nur zu zeigen, sondern zugleich auf ökologische Zusammenhänge hinzuweisen; ein zeitgemäßer Lernort zu sein, der Gefühl und Verstand der Besucher gleichermaßen anspricht. Der gehobene Zeigefinger ist Olderdissen dabei fremd. Längst wurden veraltete Gehege, die der bloßen Zurschaustellung dienten, durch neue Anlagen ersetzt. Zoologische Erkenntnisse einer artgerechten Tierhaltung flossen dabei genauso ein wie der Gestaltungswille zu einer möglichst optimalen Einbettung der Gehege in die Landschaft.

/// All das, was Olderdissen zu bieten hat – von den Tieren und Gehegen über die Beobachtungskanzeln und -stege, von der alten Hoflandschaft am Waldesrand über die sehr gute Gastronomie im Meierhof, von der Zooschule über den großen Spielplatz – das alles muss jeder selbst sehen und probieren. Denn dieses Buch kann weder alles zeigen noch jeder Facette gerecht werden. Und ein Biologiebuch über Tiere will es schon gar nicht sein. Eher eine Liebeserklärung an den wunderbaren Park und ein Dankesgruß an seine Mitarbeiter, die viel und hart dafür arbeiten, dass wir Besucher Olderdissen genießen können – ganz kostenlos, aber bestimmt nicht umsonst!

44 Esel

Den Job als Grußaugust erledigt in aller Regel der Esel: »Willkommen in Older-dissen!« Die angenehme Atmosphäre auf dem alten Meierhof schätzen Jung und Alt, Groß und Klein.

2 Gans

Besonders an den Wochenenden ist in Olderdissen oft der Bär los. Gleich im Eingangsbereich haben die Gänse mit dem Zählen der vielen Besucher längst aufgehört. Aber auch bei großem Andrang verteilt sich die Menge schon bald auf den Wegen des Tierparks und im anschließenden Stadtwald.

Frühling, Sommer, Herbst oder Winter – ganz gleich, zu welcher Jahreszeit man kommt: Sobald die Sonne scheint, wird ein Besuch in Olderdissen sich lohnen.

45 Wisent

Die Wisente auf der Weide gleich neben dem Parkplatz sind für
die meisten Besucher die ersten Tiere, die es zu sehen gibt.

Da wäre zum Beispiel /// der **Tierparkleiter**

Volker Brekenkamp

/// Der Mann hat viele Zuständigkeiten. Volker Brekenkamp, Jahrgang 1952, kümmert sich als Leiter der Abteilung »Forsten und Heimat-Tierpark Olderdissen« im städtischen Umweltbetrieb nämlich auch um die zahlreichen Forstflächen Bielefelds. Doch ohne ihn sähe es vor allem im Tierpark ganz anders aus – wenn er überhaupt noch existieren würde: »Als ich 1993 das Amt übernahm, ließ die Liquidität der Kommunen gerade stark nach«, sagt der Forstoberrat. »Der Tierpark wurde infrage gestellt, da wir keinen Eintritt forderten.«

Aber es sollte zunächst einmal dabei bleiben. Brekenkamp entwickelte viele Ideen für Neugestaltungen im Park. Vor deren Realisierung wandte er sich dann an Spender und Sponsoren. »Ich habe mich um die Bürgerstiftung und Pro Bielefeld bemüht, näherte mich den Rotariern und dem Lionsclub an.« Und das Konzept ging auf. »Als die ersten neuen Gehege entstanden und die Leute sahen, dass hier was passiert, da hat das eine wahre Lawine ausgelöst. Sehr viele Leute, die etwas machen wollten, kamen auf uns zu«, sagt der Parkleiter. Die meisten neuen Gehege und Veränderungen kamen nur durch solche Spenden zustande.

Wie das funktioniert, weiß Volker Brekenkamp zu erklären: »Die Bielefelder identifizieren sich mit dem Tierpark, fühlen sich ihm verbunden. Viele sind schon als Kind hier gewesen. Ich übrigens auch.« Mit seiner Mutter war er da und mit seiner Oma. Er ist überzeugt, dass der freie Eintritt stärker identifikationsstiftend wirkt als ein Zoo mit Eintrittsgeld. »Wenn wir Geld nehmen würden, wären die Spender nicht mehr bereit, welches zu geben.« Auf diese Weise herrsche mehr Freizügigkeit und auch finanziell Schwächere können Olderdissen besuchen. Und zwar 24 Stunden am Tag.

Die Ideen für neue Projekte kommen Brekenkamp recht unvermittelt, während einer Autofahrt etwa. »Hab ich erstmal eine neue Idee, dann ist die Frage: Wie setze ich sie um und wie komme ich an das Geld dafür?«, sagt der Parkleiter und weiß auch gleich um die Prioritäten: »Eine artgerechte Anlage ist das Wichtigste überhaupt. Und optisch ansprechend muss sie sein.« Neue Anlagen sollten sich dem Gelände anpassen und nicht wie »Gehegeklötze« wirken. Das Dachsgehege ist gerade fertig, und auch an weiteren Visionen mangelt es dem Forstingenieur nicht: Eine Elchanlage wäre toll oder sogar ein großes Seehundbecken mit Felslandschaft und Unterwasserscheibe. Für möglich hält er das, »und Visionen«, sagt er, »sind erlaubt!«

/// Volker Brekenkamp ist zuversichtlich, dass seine Kreativität keinen Abbruch findet. »Wenn etwas zu meiner Zufriedenheit beendet ist, dann ist es auch für mich abgeschlossen. Dann habe ich den Kopf wieder frei für eine neue Idee.« 2012 geht er in den Vorruhestand. Alles Gute!

Geschichte /// des Meierhofs

Meyer zu Olledirsen

Lulf im Stadtfelde

Brock...

Schaferberg

Lauckshoff

Schaferhauß

Retranchement welcher die Allirte Armee in 1757 unter den Herzog von Cumberland auf den rechten Flügel gehabt.

ruin einer alten Glashütte

Bleichen

Bielefeld

Lutterkolck

Luttermüller

Ellerbrock

Reinste...

Sparrenberg

...rinder...

BIELEFELDS UMGEBUNG

MEIER ZU OLDENDISSEN

Die Lage in der Landschaft

/// Die alte Hofstelle Olderdissen liegt umschlossen von den Kämmen des Teutoburger Waldes in einem Zwischental des Höhenzugs, das sich als »Johannistal« unmittelbar vor den Toren Bielefelds öffnet und von dort nach Hoberge und Kirchdornberg hinausreicht. Die Nähe zum seit jeher verkehrsreichen »Bielefelder Pass« und zur früher wie heute recht quirligen Stadt mit der ravensbergischen Landesburg auf dem Sparrenberg ist in Olderdissen kaum spürbar, war aber historisch stets von Belang.

Mehrere Quellen entspringen in Hofnähe und vereinigen sich bald zum kleinen Vossbach. Einer dieser Quellbäche beginnt am Hang zwischen Kahlem Berg und Jostberg und bildet, mehrfach zu kleinen Teichen aufgestaut, die Achse des heutigen Tierparkgeländes. Gleich zwei Wasserscheiden gibt es nahe Olderdissen: Die eine liegt zwischen den nur rund 100 Metern voneinander entfernt liegenden Quellen von Voss- und Johannisbach, die das Tal jeweils in unterschiedliche Richtungen verlassen; beide Bäche treffen erst nach einigem Umweg wieder zusammen und entwässern ostwärts über Aa und Werre zur Weser. Eine Wasserscheide höheren Grades stellt dagegen der Höhenrücken oberhalb des Meierhofs dar: Jeder Regentropfen südlich dieser Kammlinie nimmt seinen Weg viel weiter westwärts durch die Ems.

Diese Passhöhe bei Olderdissen in der Einsattelung zwischen Kahlem Berg und Jostberg wird seit Jahrhunderten als Übergang genutzt. Bis heute sind Spuren von Hohlwegen im Gelände zu erkennen; von der Witterung freigelegte Stelzwurzeln mächtiger Buchen markieren die alte Trasse am Wegesrand. Von Bielefeld her durch das Johannistal kommend, verlief der Weg über Meierhof und Passhöhe als »Tiefschlingenweg« – weitgehend den Höhenlinien des Geländes folgend – ohne viel Anstieg oder Gefälle auf die Hohlwegkreuzung an der Franziskanerklosterruine am Haller Weg zu. Er stellte womöglich eine Alternativroute für die reisenden Händler, Tagelöhner und Soldaten dar, die den Handelsweg am Kloster passierten und mit ihren Karren nach Bielefeld wollten.

Die Hofstelle

/// Wie lange genau an diesem strategisch günstigen Ort schon eine Hofstelle existierte, weiß man nicht. Aber sicher ist: Der Standort Olderdissen ist sehr alt, wohl älter als die Stadt Bielefeld. Ein indirekter Hinweis auf seine Existenz schon vor dem 12. Jahrhundert ist die Tatsache, dass seine Bewohner noch lange zum Kirchspiel Heepen gehörten: Im Jahr 1556 haben sie, so wurde es im »Ravensberger Urbar« vermerkt, »dem pastor zu hepen 4 Groschen« zahlen müssen. Diese Zugehörigkeit des »Meyer tho Alderdissen« zur sehr alten Pfarrei in Heepen wird auf eine frühere Zeit zurückgehen, als es in den näher gelegenen Orten Bielefeld und Brackwede noch keine eigenständigen Kirchgemeinden gab (also vor 1216 bzw. 1236).

Auf dem »Plan von der Gegend von Bielefeld« aus dem Jahr 1768 ist der Meierhof Olderdissen verzeichnet. Er liegt stadtnahe, aber dennoch geschützt und umgeben von Bergen; so ist das bis heute geblieben. – Unten eine Hofansicht auf einer 1910 beförderten Postkarte.

Die erste direkte urkundliche Erwähnung des Hofs datiert 1309: In diesem Jahr verpfändete der Ravensbergische Landesherr, Graf Otto IV., ihn zusammen mit drei anderen seiner Haupthöfe (»curtis«) für »250 Mark Bielefelder Pfennige« an den Ritter Lutbert Westphal. Die Verwendung des Begriffes »curtis« verrät, dass Olderdissen damals eine herausgehobene Stellung im Geflecht der landwirtschaftlichen Produktionsstätten hatte. Solche später »Meierhöfe« (in anderen Gegenden auch Amtmeier, Schulten- oder Oberhöfe) genannten Stätten waren mit umfangreichen Ländereien ausgestattet und hatten die Aufgabe, von untergeordneten Höfen Geld und Naturalien einzuziehen und weiterzuleiten – im Falle Olderdissen ab 1309 zunächst nicht mehr an den geldknappen Landesherrn, sondern an den ritterlichen Pfandnehmer.

Abgesehen von solchen Verpfändungen und einem zeitweisen Verkauf an die wohlhabende Bielefelder Bürgermeisterfamilie von Grest (1517) war der Meierhof aber über mehr als fünf Jahrhunderte direkt dem Landesherrn der Grafschaft Ravensberg gehörig; zuletzt waren das die Könige von Preußen. Der Hof zählte zur Bauerschaft Borckhuisen (später Quelle) in der Vogtei Brackwede im Amt Sparrenberg und war der mit Abstand größte in dieser Bauerschaft. Bis 1907 wurde er in den amtlichen Katastern daher auch noch als Stätte »Quelle Nr. 1« geführt. Die Hofländereien erstreckten sich von der Ochsenheide im Norden über das Johannistal und Teile des Kahlen Bergs im Osten, einem zum Meierhof gehörenden Waldkotten im Süden bis zur früheren Mönkemühle im Westen. Größte Nachbarn waren der Uerentruper Mönkehof und der Lauckshof am Haller Weg.

Die Hofgebäude

/// Das bruchsteinerne Hauptgebäude des Hofs, dessen renovierter früherer Deelen- und Stallteil heute das Restaurant »Meierhof« beherbergt, stammt aus dem Jahr 1879. Ihm

Der Wirtschaftsteil des Olderdisser Hofgebäudes existiert fein renoviert bis heute. Der quer dahinter liegende frühere Wohnteil wurde 2004 abgerissen.

schloss sich früher an der nördlichen Giebelseite noch ein Wohnteil an, der 2003/04 abgebrochen wurde und zuvor über Jahrzehnte als Olderdisser Restauration gedient hatte. Ebenfalls aus der zweiten Hälfte des 19. Jahrhunderts stammen die große, dem Haupthaus gegenüber liegende Scheune und das frühere Wohnhaus für die Altbauern, die »Leibzucht«, jetzt Sitz von Forst- und Tierparkverwaltung sowie Wohnung eines Angestellten. Etwas älter ist allein das kleine Fachwerkhaus auf der Eselweide des Tierparks, das aus der Zeit um 1800 stammt und dem Meierhof einst als Stallung und Lagerraum, vielleicht auch als Backhaus gedient hatte.

Beim Alter der Hofstelle haben all diese Gebäude freilich ältere Vorgängerbauten. In einem Gebäude wurde im Jahr 1544 ein Inschriftenstein verbaut, der seit seiner Entdeckung Rätsel aufgab und für Spannung und eine neue historische Dimension in der Olderdisser Hofgeschichte sorgte.

Der Stein von 1544

/// Entdeckt wurde der Steinquader beim Abriss des ehemaligen Wohnflügels im Februar 2004. Er war in der untersten Reihe des Fundaments der Giebelwand verbaut und trägt Wappen und Inschrift: »MEGGER FRANS TO ALDERDISCE MV^C XXXX IIII«, zu hochdeutsch »Meier Franz zu Olderdissen 1544«; im Wappen ist wohl ein Pflugeisen oder ein Tierhorn zu erkennen. Er gehört zu den ältesten steinernen Inschriften aus dem Bielefelder Raum und ist vor allem als Zeugnis frühen bäuerlichen Selbstbewusstseins ein absoluter Sonderfall und eine kleine Sensation, war doch das Führen von Wappen im 16. Jahrhundert eigentlich Privileg von Adel und Klerus.

Aus welchem Gebäude der repräsentative Stein ursprünglich stammte, ist genau-

so unbekannt wie die Motivation der Nachkommen Franz von Olderdissens, ihn Mitte des 19. Jahrhunderts an einer so unrepräsentativen Stelle wie dem Fundament wiederzuverwenden. Sein Ursprung als Türsturz in einem steinernen Speicher gilt als wahrscheinlichste Variante seiner Herkunftsbedeutung, wenngleich es keine historischen Nachrichten über die Existenz eines solchen Gebäudes auf Olderdissen gibt.

Ebenfalls ungewöhnlich ist der in der Inschrift genannte Vorname: Denn gerademal drei »Franz« sind unter den 1.490 Hofbesitzern im Ravensberger Urbar von 1556 verzeichnet. Eine Verbindung vom Meierhof zum alten Franziskanerkloster und Wallfahrtsort im Wald unweit Olderdissens liegt bei der Namenswahl nahe.

Der Inschriftenstein ist heute in der Cafébar an der Rückfront der Meierhof-Restauration zu sehen.

Lesetipp

Wer tiefer in die Geschichte von Hof und Inschriftenstein einsteigen möchte, sollte folgenden Aufsatz lesen: *Gertrud Angermann u. Heinrich Rüthing: Der Stein von Olderdissen. Ein Zeugnis bäuerlicher Kultur Ravensbergs aus dem Jahr 1544.* In: 90. Jahresbericht des Historischen Vereins für die Grafschaft Ravensberg (Jg. 2005), S. 177–216.

Städtischer Meierhof

/// Nach Jahrhunderten bäuerlichen Wirtschaftens beginnt im Jahr 1905 ein ganz neues Kapitel für Olderdissen: In diesem Jahr kauft die Stadt Bielefeld dem »Herrn Wilhelm Meyer zu Selhausen genannt Meyer zu Olderdissen« für 755.000 Mark Hof und 179 Hektar Ländereien ab. Das städtische Interesse galt dabei gar nicht zuerst dem Hof selbst; wichtiger waren Perspektiven der Stadterweiterung und das Bauland im Johannistal, auf dem auch unverzüglich mit der Errichtung der »Beamtensiedlung« im Bereich von Freiligrath-, Uhland- und Goethestraße begonnen wurde. Gebietsvergrößerungen hatten für die im Industriezeitalter stark wachsende Stadt Bielefeld hohe Priorität. 1907 schließlich wurde der vormalige Hof Nr. 1 der Gemeinde Quelle der Stadt Bielefeld eingemeindet.

Da die Stadt das Anwesen so nun einmal besaß, nannte man ihn fortan »Städtischer Meierhof« und wünschte ihn sich als »Erholungsstätte der Bürgerschaft«. Die Jahreszahl »1907« ziert seither zusammen mit dem Sparrenwappen die Deelentür des Hauptgebäudes. Für Olderdissen begann ein Zeitalter des Wandels vom privaten, landwirtschaftlich genutzten Betrieb hin zu einem Ort des öffentlichen Raums. Durchaus vielfältig sind die Nutzungen, die Olderdissen erfuhr, bevor sich die hauptsächliche Nutzung als Tierpark nach dem Zweiten Weltkrieg endgültig durchsetzte.

»... namentlich Milch und Bielefelder Weißbier«

/// Bald nach dem städtischen Ankauf entstand der Plan, auf dem Meierhof eine »Milchwirtschaft« oder »Meierei« einzurichten. Auf diese Weise sollte – nach erfolgreichen Vorbildern »aus Berlin und anderen Großstädten« – auch für Bielefeld die Versorgung »mit keimfreier und nahrhafter Milch« sichergestellt werden: ein gesunder Ausschank- und Ausflugsort für Kinder und Jugendliche, die überdies auf dem Rasen des Obstgartens am Hof »genügend Platz zu fröhlichem Tummeln« haben würden. Und

Karte des städtischen Meierhofs, nach 1907. Rot umrandet ist jener Bereich, der zur Verpachtung stand.

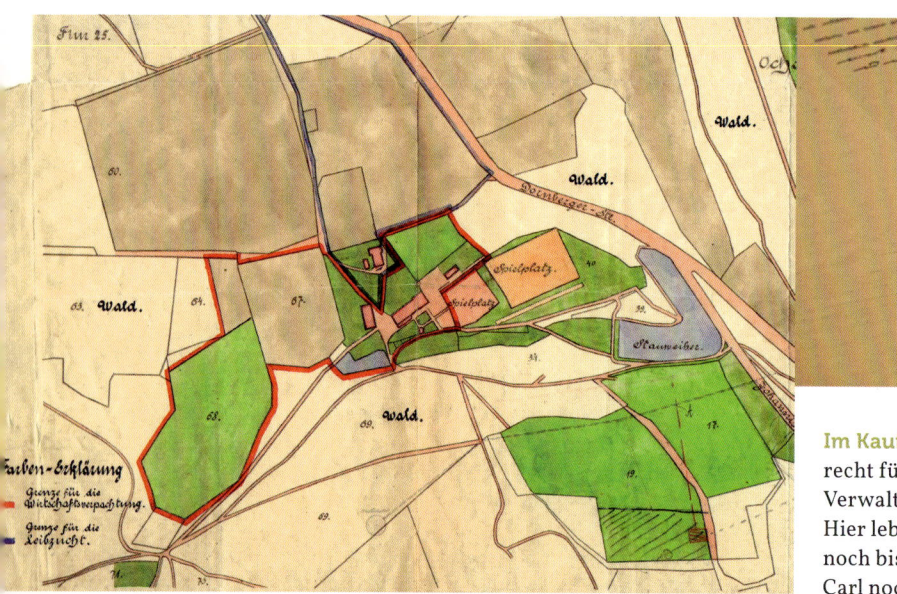

Im Kaufvertrag von 1905 war ein Nießbrauchsrecht für das »Leibzuchtgebäude«, das heutige Verwaltungsgebäude des Tierparks, vereinbart: Hier lebte der Landwirt Meier zu Olderdissen noch bis 1917, seine Frau bis 1919 und ein Sohn Carl noch bis 1925.

was kann »der Gesundheit wohl mehr nutzen, als wenn sich der Körper nach einem ausgiebigen Spaziergang in den schönen Waldungen der Höhen und Täler durch frische oder dicke Milch erquickt?«

Es wurde also ein Pächter als Milchwirt gesucht, ein »tüchtiger Landwirt« mit »tüchtiger Frau an seiner Seite«, die als »propere und freundliche Wirtin die Wirtschaft im Hause mit sicherer Hand leitet«. Erster Pächter wurde ab 1907 der Stieghorster Landwirt Wilhelm Depenbrock. Nach dessen Tod verlängerte seine Witwe Friederike den Vertrag bis 1919; ab 1920 folgte Friedrich »Fritz« Franke über mehrere Jahrzehnte als Wirt der »Sommerwirtschaft«. Zum Pachtumfang gehörten das Hauptgebäude mit Hofraum und Wirtschaftsgarten, etwa 14 Hektar Acker- und Weideländereien oberhalb des Hofs sowie ab 1912 die Mitbenutzung der neu errichteten »Erfrischungshalle«, auch »heller Pavillon« genannt.

Dafür gab es strenge Vorgaben, was erwartet wurde: So durften in der »sauberen Schankwirtschaft« ausdrücklich »nur alkoholfreie Getränke, namentlich Milch« verabreicht werden; auch Kaffee, Bouillon, Limonade sowie »einige gangbare Speisen« werden genannt. Verpönt war hingegen das »Aufstellen von Musik- oder Sprechapparaten«. Erst bei einer Verlängerung des Pachtvertrags mit der Witwe Depenbrock im Jahr 1916 wird auch der Ausschank von Alkohol genehmigt: »nur alkoholfreie Getränke, namentlich Milch und Bielefelder Weißbier« steht nun im handschriftlich geänderten Vertragspapier.

Platz für »Volks- und Jugendspiele«

/// Bald nach 1907 war auch damit begonnen worden, Spiel- und Sportstätten »auf Olderdissen« anzulegen. Die »Plätze

Erfrischungshalle im Garten der Sommerwirtschaft, um 1918. Kurz zuvor war der Pächterin der Ausschank von »Bielefelder Weißbier« genehmigt worden.

für Volks- und Jugendspiele« sollten die beliebten Rodelbahnen am Kahlen Berg und die Schlittschuhbahn auf dem Stauteich im Johannistal ergänzen und den Städtischen Meierhof zu einer Art – heute würde man sagen: – Freizeitzentrum ausbauen. Das noch immer unmittelbar neben dem Tierpark existierende Hockeyfeld des DSC Arminia ist ein Relikt dieser Ära, in der Freiluftspiele jeder Art groß in Mode waren.

So wie auch das Wandern, *das* Steckenpferd der lebensreformerischen Zurück-zur-Natur-Jugendbewegung jener Jahre. Aus dem September 1910 ist eine Anfrage der Ortsgruppe des »Alt-Wandervogels« an »den

Jugendherberge, Freilichtbühne, Sport-felder – bereits vor der Nutzung des Meierhofgeländes als Tierpark waren die öffentlichen Nutzungen zahlreich.

Schlagballtraining - Sportpl. Olderdissen
(Sommer 1919)

löblichen Magistrat der Stadt Bielefeld« über-liefert, in dem darum gebeten wird, einen »Platz auf dem städtischen Meierhofe« für die Errichtung eines Unterkunftshauses zu überlassen. Aus einem Neubau wurde nichts, doch schon bald wurde auf dem Scheunen-boden des Wirtschaftsgebäudes eine Über-nachtungsmöglichkeit für jugendliche Wandervögel geschaffen, aus der die erste Bielefelder Jugendherberge entstand. 1924 wurde der Scheunenboden ausgebaut, eine Zwischendecke eingezogen und eine Außen-treppe angelegt, so dass insgesamt 120 Betten und Pritschen, eine Gemeinschaftsküche und ein Veranstaltungsraum Platz fanden. Die Jugendherberge auf Olderdissen exis-tierte bis in die 1940er-Jahre; 1950 wurde die Bielefelder Jugendherberge am Osning in Sieker eröffnet.

Die Freilichtbühne

/// Auf der jetzigen Eselweide vor dem Hauptgebäude legte man – die natürliche To-pografie der Bachtalung ausnutzend – eine »Freilichtbühne« an. Das kleine, bis heute exis-tierende Fachwerkhäuschen stand seiner-zeit mitten in den Zuschauerrängen, die von terrassierten Geländestufen gebildet wurden. Das Häuschen selber – ursprünglich wohl als Stallung und Backhaus genutzt – nannte man jetzt »Spielhaus«, da hier Utensilien für Schauspiel und Sport gelagert wurden. Den Platz zwischen Freilichtbühne, Wirt-schaft und der neuen Erfrischungshalle (also der heutige Spielplatz) hieß nach den Schellen-trommeln der musizierenden Jugend nun »Tambourinplatz«.

Über die Freiluftbühne auf Olderdissen ist wenig bekannt; wahrscheinlich war sie schon vor dem Ersten Weltkrieg angelegt worden. Eine Anfrage des »Bundes der Kultur-schaffenden« zielte 1953 auf eine Reaktivie-rung der »seit langen nicht mehr bespielten

Freilichtbühne« ab. Es gebe dort »vier sich amphitheatralisch erhebende Halbkreise«, die insgesamt »800 bis 1.000 Zuschauern« Sitzplätze böten. Diese Zahl scheint angesichts von Fotografien etwas überzogen, und auch aus einer Reaktivierung wurde nichts. Im Jahr 1980 wurden die alten Terrassen dann leider zugeschüttet.

Der »Sternengarten«

/// Eine andere mit Olderdissen in Verbindung stehende Geschichte ist die des »Sternengartens« auf dem Kahlen Berg, ein paar hundert Meter oberhalb des Meierhofs gelegen. Bis heute weist dort oben auf der Bergkuppe ein etwas mysteriöser Sandsteinquader mit unleserlicher Inschrift und dem Datum »15. Mai 1909« auf diese Episode hin. Was man auf den ersten Blick für einen Denkmalsockel halten mag, wurde zeitgenössisch als »astronomischer Pfeiler« be-

zeichnet und diente der Befestigung eines im Meierhof gelagerten Teleskopes zur Sternbeobachtung. Der »Begründer und unermüdliche Förderer« dieser »Volkssternwarte« war Prof. Karl Mummenthey, ein Hobbyastronom, der ab 1907 in Eingaben an den Magistrat darum gebeten hatte, auf »dem frei und einsam gelegenen Kahlen Berge ein etwa 2 Ar großes, eingefriedetes Grundstück zur Anlage einer Volkssternwarte« zur Verfügung zu stellen. Im Mai 1909 wurde die Anlage tatsächlich eingeweiht; neben dem Sandsteinquader war eine gußeiserne Tafel mit der Inschrift »Zur Erinnerung an die Wiederkehr des Halleschen Kometen 1909/1910« aufgestellt. Bei der Einweihungsfeier sprach Professor Mummenthey »die Überzeugung aus, daß sich bei der nächsten Wiederkehr des Kometen am Ende des 20. Jahrhunderts auf dem Kahlen Berg ein stattlicher Kuppelbau mit Fernrohren und anderen astronomischen Instrumenten befinden werde«.

Der »Sternengarten« auf dem Kahlen Berg, 1909. Statt eines »stattlichen Kuppelbaus« findet sich an dieser Stelle heute Wald. Nur der Steinsockel überdauerte.

/// Auf geht's!

1 Ententeich

Das Zentrum des Tierparks bildet der kleine Stauteich gleich am Meierhof. Um ihn herum entstand in den 1930er-Jahren der Heimat-tiergarten, von hier aus führen bis heute die Wege in alle Himmelsrichtungen. Kanadagänse und andere Wasservögel sieht man hier, und

auch Rotwangenschildkröten sonnen sich schon mal auf dem versunkenen »Schiffswrack«. Die von Besuchern ausgesetzten Tiere sind die einzigen Exoten im Olderdisser Tierpark.

4 Störche & Co.

Es gibt viele Wege, sich Olderdissen zu erobern. Der klassische Rundgang beginnt direkt auf dem Meierhof. Zunächst steht dann Federvieh im Blickfeld: Hühnervögel diverser alter Zuchtrassen,

Enten und Gänse, Reiher und Störche begrüßen die Besucher. Für freilebende Weißstörche wurde auf der großen Scheune ein hölzerner Dachreiter als Nistplatz installiert, und hoch in den Baumkronen der alten Eichen hat eine wilde Graureiherkolonie seine Nester gebaut.

17 Watvögelvoliere

Die liebevoll gestaltete Landschaft in der begehbaren Watvögelvoliere ist ein etwas versteckter Schatz des Tierparks, an dem viele Besucher auf ihrem Weg zu Bären, Ottern oder Wölfen vorbei- laufen. Watvögel sind in der Systematik der Zoologie eine eigene Ordnung der Vogelwelt; sie heißen auch »Limikolen« oder »Regenpfeiferartige«. Im

Limikolenhaus leben Möwen, Stelz- und Entenvögel verschiedener
Gattungen, so etwa Säbelschnäbler (ganz links), Austernfischer
(oben links) und Brachvogel, Rotschenkel, Löffel- oder Krickente.

Da wäre zum Beispiel ///
der **Haupttierpfleger**

Markus Hinker

/// Seit Juni 2007 ist Markus Hinker jetzt der oberste Tierpfleger in Olderdissen. Ursprünglich kommt er aus dem Kreis Steinfurt, nach Stationen in Münster, Köln, Saarbrücken und Nordhorn kam er dann nach Bielefeld. Erste Bezüge zur OWL-Metropole hatte er aber schon in der Kindheit. »Ich kann mich noch gut daran erinnern, wie meine Oma uns anhielt, die Briefmarken für Bethel zu sammeln«, schmunzelt er. Über seine neue Wahlheimat sagt der 1967 geborene Hinker: »Bielefeld hat eine Menge zu bieten, vor allem eine Menge Natur.« Besonders der Teutoburger Wald hat es ihm angetan. Der beginnt ja auch gleich neben seinem Arbeitsplatz.

In seiner Karriere hat er mit vielen Tierarten zu tun gehabt. So hat er in Köln im Insektarium gearbeitet, in Saarbrücken mit Seehunden und im Affenrevier. Am liebsten hätte Markus Hinker Dickhäuter wie Elefanten, Nashörner oder Flusspferde gepflegt. »Aber die Frage nach einem Lieblingstier würde ich kategorisch ablehnen. Auch eher unscheinbare Tiere wie unsere Ratten oder Mäuse müssen liebevoll versorgt werden.«

In seinem jetzigen Job als Haupttierpfleger hat er weniger direkt mit den Tieren zu tun. Nun kümmert er sich hauptsächlich um die Organisation. »Ich erstelle Dienst- und Urlaubspläne, kümmere mich um Lohnabrechnungen oder die Ausbildung.« Daneben besorgt er neue Tiere oder verkauft Jungtiere. Dass es hierbei keineswegs ums Geld geht, ist ihm wichtig zu betonen: »Wir müssen mit anderen Zoos Austausch betreiben, um Inzucht zu vermeiden.«

Markus Hinker ist auch für das Zuchtmanagement des Tierparks Olderdissen verantwortlich. Und dies erfordert jede Menge Wissen. »Ich muss wissen, welches Tier sich mit wem paart. Oder ob sie besser in gleichgeschlechtlichen Gruppen gehalten werden sollten oder sterilisiert werden müssen.« Zum Thema Geburtenkontrolle sagt der Haupttierpfleger: »Das tut manchmal weh, aber es muss sein. In der freien Natur wird das schließlich von selbst geregelt.« Neben all dem Organisatorischen geht Hinker aber auch nach wie vor gern ins Gehege, wenn Not am Mann ist.

Privat halten er und seine Freundin drei Hunde. Auf dem großen Dienstgrundstück haben ein Border-Collie, ein Norfolk-Terrier und ein Mischling viel Platz. »Die waren alle keine spontanen Anschaffungen. Dahinter stecken Lebensgeschichten«, erläutert Hinker. Die Vorbesitzer hätten zum Beispiel den Terrier nicht mehr gewollt und an ihn abgegeben. »Der hatte die Menschen nun mal ein bisschen mehr im Griff als sie ihn«, deutet er an. Bei einem Haupttierpfleger sieht das natürlich andersherum aus; den Terrier konnten wir allerdings nicht dazu befragen.

/// Und wenn Markus Hinker noch etwas Zeit findet, kümmert er sich um ein ganz anderes Hobby: Dann pflegt er seine beiden Motorräder.

7 Fischotter

Die Fischotter gehören unbestreitbar zu den Stars des Tierparks. Das ging schon ihren Vorgängern so, die seit den 1950er-Jahren in viel zu kleinen Käfigen in Olderdissen zu sehen waren. 1989 wurde dann das geräumige Gehege mit dem Unterwasserfenster gebaut. Es ist aber auch wirklich zu niedlich, wenn die possierlichen

und – zumindest dem Anschein nach – stets gut gelaunten Tiere sich tauchend und flachsend den auf der Aussichtskanzel wartenden Besuchern von ihren besten Seiten zeigen. Und wenn zweimal täglich die große Raubtierfütterung ansteht und Tierpflegerin Mechthild ihre Fische wirft, sind Otter und junge Zuschauer kaum zu halten!

Die Schneeeule ist nur eine von derzeit sechs Eulenarten, die in Olderdissen zu sehen sind. In der Voliere dieses nördlichen Verwandten der einheimischen Uhus und Käuze entdecken Besucher auch öfter mal das typische Raubvogelfutter: tote Hühner- küken etwa oder Mäusekadaver. Die Futterküche des Tierparks liegt übrigens gleich hinter der Schneeeulenstallung, ist aber öffentlich nicht zu- gänglich (siehe S. 129).

An den Rabenvögeln scheiden sich leider oft die Geister. Viele bewundern diese schlauen und stolzen Vögel mit dem sehr ausgeprägten Sozialverhalten, anderen steckt immer noch das alte Vorurteil vom »bösen Raben« im Kopf.

6 Rabenvögel

Der kohlrabenschwarze Kolkrabe – der größte Vertreter seiner Gattung – kann in der Olderdisser Voliere bestaunt werden, aber auch freilebende Krähenvögel trifft man im Tierpark an.

Über das ganze Tierparkgelände verteilte, meist hölzerne Aussichtskanzeln bieten beste Ein- und Ausblicke. Das Ambiente vieler Bauwerke lädt selbst dann zum Verweilen ein, wenn vielleicht gerade gar kein Tier zu sehen ist. Gute Gespräche in der

Abendsonne, gemütlich gelehnt an die Holzbrüstung einer Plattform, hat bestimmt so mancher Bielefelder schon geführt. Solcherart attraktive Bauten und Gehege wären – wie vieles andere im Tierpark – ohne Sponsoring nicht finanzierbar. Den jeweiligen Spendern dankt man gerne über ihre namentliche Erwähnung auf eigens angebrachten Schildern und Plaketten.

9 Braunbären

Schon seit Mitte der 1960er-Jahre wurde in Olderdissen mit der Anschaffung von Braunbären geliebäugelt. Es sollte allerdings noch bis zum Jahr 2000 dauern, ehe ein Großsponsor dem Tierpark diesen langjährigen Wunsch erfüllte. Die Bären Alma und Max – Mutter und Sohn – wurden sofort zu Publikumsmagneten. Das rund 3.500 Quadratmeter große Gehege am

Hang des Jostbergs verfügt über Wiesen und Felsen, Bachlauf und Wasserfall, einen Teich und Baumstämme zum Klettern. 2007 trauerte halb Bielefeld um Alma, die im Alter von 27 Jahren starb. Aber schon bald bekam Max eine neue Gefährtin zur Seite: die Bärin Jule.

Von einem sicheren Platz aus – einem Holzsteg über dem Bärenteich – können die Besucher den tapsigen Raubtieren bei ihren Aktivitäten zusehen: Wie sie rumbalgen oder dösen, nach Futterverstecken suchen oder ihrerseits das werte Publikum beobachten.

Im holzverkleideten Bärenhaus haben die Bewohner Einzel-
zimmer. Hier verbringen sie die Nächte und einen Großteil der
Wintertage. Einen echten Winterschlaf halten Zoobären nicht
– gut für uns Besucher!

Da wäre zum Beispiel /// die **Bärenhüterin**

Christine Meyer

/// Dass Christine Meyer im Oktober 2000 zum Team des Tierparks gestoßen ist, hat einen besonderen Grund: die damalige Einrichtung des Olderdisser Bärengeheges. Mit Bären kannte sich die Tierpflegerin nämlich schon vorher aus. Im Wildpark Lüneburger Heide, wo sie ihre Ausbildung bekam, hatte sie sich bereits um die großen Pelztiere gekümmert.

»Und ich hab dann das große Los gezogen«, sagt sie über ihre erfolgreiche Bewerbung in Bielefeld. Die 1976 geborene Meyer kennt die Bären Max und Jule wie keine Zweite im Park. »So, wie wir deren Marotten kennen, kennen sie auch unsere«, erzählt sie über ihre Beziehung zu den Tieren. Wenn sich die Pfleger, wie etwa vor Impfungen, anders bewegten und verhielten, würden das die Bären sofort bemerken. »Die merken ganz genau, wenn irgend etwas abweicht.« Max und Jule sind sehr aufmerksame Tiere. Sobald jemand am Stall ist, bekommen sie das mit. Vor allem wenn es um kleine Leckerlis wie Erdnüsse geht, sind sie ganz besonders wachsam: »Wenn der Deckel der Schlickerkiste herunterklappt, sind sie sofort zur Stelle«, weiß Christine Meyer.

Auch wenn die Bären Ähnlichkeit mit einem übergroßen Teddy haben, möchte die Pflegerin lieber nicht mit ihnen kuscheln. »Sie bleiben nun einmal Raubtiere und man kann ihrer Mimik nicht ansehen, wie sie sich fühlen«. Die Pranken der beiden Petze sind so gefährlich, dass trotz Gitterstäben ein Abstand von mindestens einem Meter eingehalten werden sollte. Dennoch arbeitet Christine Meyer gerne mit ihnen. »Das Vertrauen zu den Tieren muss hart erarbeitet werden. Aber es ist etwas Schönes, eine Beziehung zu ihnen aufzubauen«, sagt sie. Und die Tierpflegerin kennt auch eine Kehrseite: nämlich den Abschied von einer solchen Beziehung. So war es eine schlimme Zeit als Max' Mutter Alma 2007 krank wurde und gestorben ist. »In dieser Zeit war ich ständig auch nach Dienstende mit den Gedanken bei der schwerkranken Bärin.« Es gehöre zu den harten Seiten ihres Berufs, wenn man als Pfleger sehr an den Tieren hängt.

Neben den Bären kümmert sich Christine Meyer natürlich auch noch um andere Tiere. So gehören etwa die Marderhunde oder die Füchse ebenfalls in ihren Zuständigkeitsbereich. Auch von diesen Arten hat sie manche nette Anekdote zu erzählen: »Ich hatte mal eine Füchsin, die war so zutraulich, dass sie beim Füttern erst auf den Eimer und dann auf meine Schulter gesprungen ist.«

/// Zuhause hält sich die Pflegerin, die in der Lüneburger Heide auf einem Bauernhof aufgewachsen ist, drei Katzen. »Als Tierpfleger geht es privat einfach nicht ohne Haustiere«, gibt sie lächelnd zu. Und für die Kollegen hat sie ebenfalls gute Worte übrig: »Es ist ein lustiges Team hier. Ich würd' nicht tauschen wollen, es macht echt Riesenspaß!«.

Oberhalb /// von Olderdissen

10 Schottische Hochlandrinder

»Oberhalb von Olderdissen« meint die Hangweiden am Waldrand und den Wald selbst, der von der Passhöhe oberhalb des Meierhofs aus in viele Richtungen erwandert werden will. Der Teutoburger Wald heißt in diesem Bereich »Bielefelder Stadtwald«. Die Weiden wurden schon zu alten Zeiten vom

Olderdisser Meier als solche genutzt; heute sind sie das Revier von Hochlandrindern, Shetland-Ponys, Tarpanen und Heidschnucken. Zwei Weideareale sind über einen schmalen Gelände-streifen hinter dem Bärengehege miteinander verbunden.

Die Schottischen Hochlandrinder – weltweit die älteste registrierte Viehrasse (1884) – gehören zu den meistberührten Tieren Olderdissens. Vielen Besuchern standen die imposanten Gesellen schon Aug' in Aug' am Zaun gegenüber, und manch einer wird es dabei auch gewagt haben, eines der weit ausladenden Hörner der Bullen und Kühe zu berühren und so die enorme Kraft dieser urtümlich wirkenden, robusten Tiere direkt vermittelt bekommen haben.

47 Tarpane

Tarpane werden seit mehr als einem halben Jahrhundert erfolgreich in Olderdissen gezüchtet. Im März 1957 hatte das Tarpanpaar »Donner« und »Doria« erstmals Nachwuchs bekommen – ein Hengstfohlen erblickte im kleinen Fachwerkhaus auf der heutigen Eselweide das Licht der Welt. Heute haben die nach dem »Abbildprinzip« rückgezüchteten Wildpferde mit dem charakteristischen Aalstrich auf dem Rücken ihren Platz auf den Weiden oberhalb vom Meierhof.

Die alte Passhöhe oberhalb des Tierparks – geografisch betrachtet handelt es sich um die Einsattelung zwischen Kahlem Berg und Jostberg – ist ein Ort regen Lebens: Bänke laden zum Verweilen ein, Bäume und Baumwurzeln die Kinder zum Klettern, und nach Schneefall ist hier der Startplatz für die Rodler, die die »Walhalla-Wiese« hinabbrausen. »Walhalla« ist in diesem Fall übrigens eine Verballhornung von »Waldhalle« – so nannte man zeitweise ein zu Olderdissen gehörendes Fachwerkhaus weiter unten im Wald.

Spuren alter Hohlwege und jahrhundertelanger Benutzung sind auf der Passhöhe unübersehbar. Die mächtigen Stelzwurzeln alter Buchen und eine siebensternige Waldwegkreuzung geben dem Ort eine gewisse Magie. Wer vom Tierpark aus auf dem Hermannsweg weiter zur Hünenburg

wandern will, wer eine Spazierrunde um den Kahlen Berg und den Botanischen Garten machen oder einen Ausflug zur Franziskanerklosterruine am Haller Weg, nach Zweischlingen oder auf die Galgen-heide unternehmen will, der kommt hier oben vorbei.

10a Spiellandschaft

Spielabenteuer und Abenteuerspiele – in den letzten Jahren ist oberhalb Olderdissens mehr und mehr auch ein Spielbereich für Kinder entstanden. Ob beim Ritt auf phantasievollen Holztieren,

beim Balancieren im Seilgarten oder ganz einfach beim Entdecken des Waldes – der Familien-
nachmittag hat auch hier oben seine Höhepunkte.

Geschichte /// des Tierparks

Der Heimattiergarten

/// Wie auf Olderdissen der Tierpark entstand, ist mittlerweile legendär: Die liebe Frau des Stadtförsters Wilhelm Hornberg habe 1929 damit begonnen, ein »Lisa« genanntes Rehkitz mit der Flasche aufzupäppeln. Ihr Mann soll das arme Tier »im jämmerlichen Zustand unter einem Zigeunerwagen« gefunden haben – soweit der Gründungsmythos. Das Försterpaar Hornberg jedenfalls bekam bald Unterstützung vom städtischen Gartenamtsleiter Paul Meyerkamp, und zusammen legte man in den Folgejahren die Grundsteine für einen »Heimattiergarten«, der schon im letzten Vorkriegsjahrzehnt einen Bestand von rund 500 Tieren erreicht haben soll. Viele Vögel waren dabei, doch neben Reh-, Dam-, Rot- und Schwarzwild gab es bereits in den 1930er-Jahren auch Wölfe, Fischotter und Füchse zu sehen.

Mit dem Zweiten Weltkrieg wurde der Ausbau des städtischen Heimattiergartens jäh unterbrochen. Spätestens Mitte der 1940er-Jahre landeten Gänse und Wildsäue lieber in den Kochtöpfen als in der Schauvoliere. Der Tierpark lag im Dornröschenschlaf; aus der frühen Nachkriegszeit gibt es zahlreiche Anfragen an die Stadt, un-

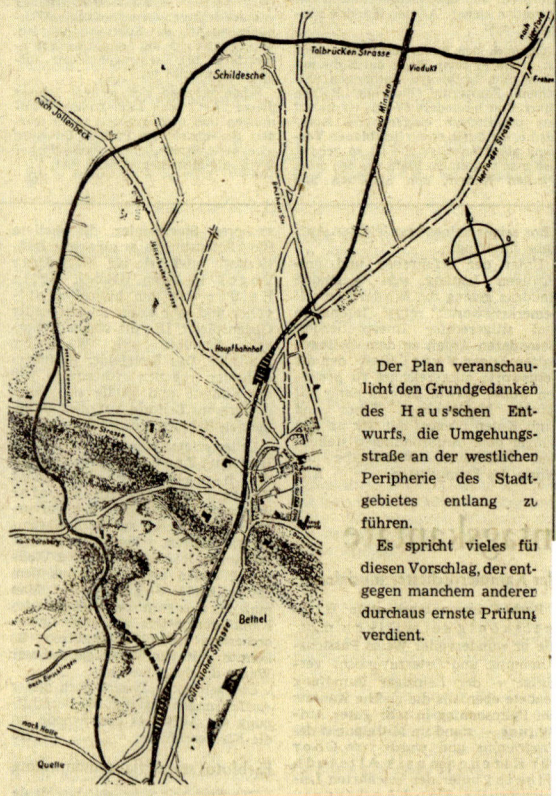

Zwei Zeitungsausschnitte aus der »Westfälischen Zeitung«: 1930 wird erstmals kurz über das »Reh-Idyll auf dem Meierhof« berichtet, 1950 steht der Bau einer Umgehungsstraße über Olderdissen zur Debatte.

Meierhof Olderdissen mit Tierpark

Eine Postkartenserie über den Tierpark wurde um 1950 aufgelegt. Erkennbar sind die Gehege deutlich einfacher und kleiner als heute.

genutzte Gebäude zu Lager- oder sogar Wohnzwecken freizugeben. Laut einer Zeitungsmeldung von 1950 sollen aber immerhin rund 250 Tiere diese schweren Jahre überlebt haben. Nach den Erlebnissen von Gewalt und Zerstörung ließ eine sehnsuchtsvolle Zuflucht in die heile Welt des Heimatgedankens die Nachkriegs-Bielefelder schon bald wieder ihren beliebten Tierpark fördern und erneuern. Der Plan einer neuen Westumgehung für Bielefeld, deren Asphalttrasse bei Olderdissen den Teutoburger Wald hätte schneiden sollen und das Ende des Tierparks bedeutet hätte, wurde nicht umgesetzt.

Stattdessen wurden unter Stadtoberförster Eberhard Frohne, der über mehr als zwei Jahrzehnte den Tierpark leitete, und Gartenamtsleiter Hans-Ulrich Schmidt neue Tiere angeschafft und die Gehege renoviert. Am Wochenende pilgerten die Menschen nun wieder nach Olderdissen, um Fischotter und Waschbären, Schwarzstörche und

Fasane, bald auch Wildkatzen und Luchse zu bestaunen. Der Tierpark erstreckte sich damals nur oberhalb des Meierhofs am Hang des Kahlen Berges und um die beiden Teiche herum. Die meisten Gehege waren klein und die Qualität der Tierhaltung – aus heutiger Sicht betrachtet – völlig unzureichend. Das wird schon daran deutlich, dass auf wesentlich kleinerer Fläche nahezu genauso viele Tiere gehalten wurden wie heute.

Uriel, Uriane und Nathan

/// Dennoch gab es auch damals Highlights unter den Gehegen: 1962 richtete man das Steinbockgehege oberhalb des Stauweihers her; tonnenweise wurden Felsen aus einem Steinbruch in Sicker herbeigeschafft, um ein imposantes »Muschelkalkgebirge« für den Steinbock »Uri« zu schaffen – das »einzige zwischen Hannover und dem

Meierhof Olderdissen mit Tierpark

Tierpark in den 1950er-Jahren: Schafweide und Wildschweingehege.

Ruhrgebiet«, wie stolz vermeldet wurde. Als dem einsamen Bock Uri eine Steingeiß zur Seite gestellt werden sollte, kam es zu einer aufregenden Episode: Schon in der »Hochzeitsnacht« entsprang die »Uriane« getaufte Herzdame mit einem Riesensatz dem nagelneuen Felsgehege und löste eine Suchaktion aus, die von der Bielefelder Presse ausgiebig verfolgt wurde und an der sich zwischenzeitlich sogar deutsches und britisches Militär beteiligten. Nach zwei Wochen, als man

die Hoffnung schon fast aufgegeben hatte, tauchte Uriane in einer Babenhausener Scheune wieder auf – und wurde zum Star in Olderdissen. Nach ihrer Rückkehr lockte sie zum Jahreswechsel 1962/63 Tausende in den Tierpark, per Zeitungsabstimmung wurde sie bald in »Heidi« umbenannt und schenkte den Bielefeldern zusammen mit Uri noch einige kleine Steinböcklein.

Aber auch negative Schlagzeilen waren aus Olderdissen zu berichten. So löste im Januar 1960 die Meldung große Empörung aus, dass Oberförster Frohne (»Der Tierpark liegt im Jagdrevier – der Jagdausübungsberechtigte bin ich«) den Hund des Bielefelder Schauspielers Henry König (»ein bildschöner Afghanrüde«) vor den Augen der Gattin des Landeskirchenrats, die zusammen mit zwei Kindern im Tierpark unterwegs war, erschossen hatte. Der Konflikt um »Nathan«, so hieß der Hund, und den gestrengen Förster und Tierparkleiter führte zu einer gewissen Eskalation im seinerzeit so genannten »Bielefelder Hundekrieg«. Frohne setzte sich durch und blieb noch lange im Amt.

1970er- und 1980er-Jahre

/// 1975 folgte ihm Horst Dreyer als neuer Tierparkleiter. Da der Park seit seinem Bestehen und bis heute dem städtischen Forstbetrieb zugeordnet ist, ist jeweils der Stadtoberförster in einer Doppelfunktion auch der Chef von Olderdissen. Unter anderem Auerwild, Nutrias und Wölfe zogen unter Dreyer ein, für die Präparatesammlung wurde ein neuer Pavillon errichtet (der alte »helle Pavillon« von 1912 war im April 1974 mitsamt 283 ausgestopften Tieren abgebrannt) und die Eselweide rings um das kleine Fachwerkhaus wurde mit Bauschutt und Sand aufgefüllt, um der Bodennässe im Siek des Bachtals entgegenzuwirken. Dass

dabei die alten Terrassen der Freilichtbühne zerstört wurden, ist aus heutiger Sicht schade; aber im Jahr 1980 sollte der Tierpark neu und frisch aussehen, feierte man in diesem Jahr doch 50-jähriges Jubiläum.

1984 wurde die Greifvogelaufnahmestation eingerichtet, die in der Natur aufgefundene, verletzte und geschwächte Greife aufnimmt. Jährlich kommen seither rund 40 Vögel zusammen, vom Baumfalken bis zum Uhu, von denen mehr als 60 Prozent

nach der Aufpäppelung wieder ausgewildert werden können. Nach Dreyers Tod übernahm Manfred Neitzke 1987 die Leitung der städtischen Forstverwaltung und des Tierparks. In seine Zeit fällt die Errichtung des aufwendigen Fischottergeheges und der Abriss der alten, viel zu kleinen »Raubzeuganlage«, die Wolf-, Luchs-, Fuchs-, Waschbären- und Wildkatzenfamilien auf engem Raum unter einem Dach aufgenommen hatte.

Auch in den 1960er-Jahren ließ man sich sonntags gerne gut gekleidet in Olderdissen sehen.

heimat tierpark olderdissen

Bielefeld

Mit dem Tierpark ins 21. Jahrhundert

/// Unter Neitzke hatte jener Prozess der Entzerrung und Erweiterung des Geländes und der Gehege begonnen, der unter seinem Nachfolger Volker Brekenkamp seit den 1990er-Jahren eine wirkliche und zeitgemäße Modernisierung des Tierparks brachte. Mehr und mehr wurde jetzt aufs Tier geschaut – nicht mehr in erster Linie als Schauobjekt, sondern aus artgerechter und tierschutzgemäßer Perspektive. Die möglichst optimale Verbindung beider Ansprüche wurde nun Leitbild.

Brekenkamp war seit 1981 für den Abschnitt »Forsten« zuständig; 1993 übernahm der diplomierte Forstingenieur auch die Tierparkleitung und brachte viel Engagement und frischen Wind mit. Neben seinen zahlreichen eigenen Ideen für Erweiterungen und Verbesserungen der Anlagen ist es eines seiner Hauptverdienste, das Prinzip der Sponsorenakquise im Sinne der Gemeinnützigkeit optimiert zu haben. Viele der neuen Bauten, die seit Mitte der 1990er-Jahre in Olderdissen entstanden, sind nicht nur praktisch, sondern auch schön; potente Geldgeber sehen gern ihren Namen daran und Besucher nutzen die Anlagen mit Freude. So ist letztlich allen Seiten geholfen: Tieren, Besuchern und Sponsoren.

Die Erweiterungen und Veränderungen des Tierparks, der seit 1998 dem neu gegründeten Umweltbetrieb der Stadt Bielefeld zugeordnet ist, sind im neuen Jahrtausend zahlreich: Zu nennen sind etwa das Bärengehege, die Biberburg im Stauweiher, die hölzerne Luchskanzel, das begehbare neue Wolfsgehege oder die im Fachwerkstil errichtete Marderscheune. Aber auch die Infrastruktur jenseits der Tiergehege wurde in hohem Maße verbessert: Neben der Sanierung des Meierhofs und der Schaffung einer neuen und attraktiven Gastronomie in der alten

Deele (2003) entstand ein großer und sehr schöner Kinderspielplatz mit direktem Anschluss zu Streichelzoo und Biergarten, die umwelt- und erlebnispädagogisch geführte »Zooschule Grünfuchs« fand auf dem Gelände Platz und die zuvor etwas langweilige Präparatesammlung wurde zum zeitgemäßen »Tierpark-Shop« aufgepeppt. Als neue Markenzeichen wurden im gleichen Zuge vom Grafiker Peter Zickermann die unverwechselbaren Tier-Maskottchen entwickelt, die seither als Tierparklogo oder

Aufkleber von vielen Autoheckscheiben grüßen und halfen, Olderdissen ein neues Image jenseits des alten und etwas miefigen Heimattierparkbildes zu verschaffen.

/// Heute sieht sich der Tierpark als eine moderne Einrichtung, die die Anforderungen der europäischen Zoo-Richtlinie voll erfüllt: Hierzu gehören neben der Erholungsfunktion auch Maßnahmen für Erziehung und Bildung, die Beteiligung an Forschungsprogrammen und Aktionen zur Erhaltung bedrohter Tierarten. Entsprechend einer zeitgemäßen Welt-Zoo-Naturschutzstrategie führt der lange Weg vom zoologischen Garten hin zum Naturschutzzentrum. Zoo, Tier- und Naturschutz sollen keine Gegensätze mehr sein, sie haben vielmehr gleiche Ziele. So erweitert auch der Heimat-Tierpark Olderdissen seine Aufgabenstellung auf einen umfassenderen Natur- und Umweltschutz und integriert seine Bemühungen um Biodiversität und Artenschutz in die Naturschutzbemühungen anderer Organisationen.

Aber ganz abgesehen davon – noch eines kann und will der Tierpark sein: ein echtes Aushängeschild für Bielefeld, jener mit »Alleinstellungsmerkmalen« und positiver Reputation nicht gerade gesegneten OWL-Metropole am Teutoburger Wald. Und noch ein zweites will er bleiben: nämlich ein Lieblingsort für alle Bielefelder!

HEIMAT-TIERPARK OLDERDISSEN

Maskottchen und Logo wurden vom Grafiker Peter Zickermann entwickelt.

Weiter geht's! ///

Fußweg Tierpark

23 Mufflons

Das am höchsten gelegene Gehege ist das des Muffelwilds am Hang des Kahlen Bergs. Mufflons sind Wildschafe und waren ursprünglich auf Korsika und Sardinien beheimatet. Die Widder mit ihren gedrehten, ja geradezu gelockten Hörnern sind auch in freier Wildbahn im Teutoburger Wald nahe Olderdissen unterwegs: Eine Herde wurde in den 1960er-Jahren ausgewildert und lebt seither rund um die Steinbrüche unterhalb der Hünenburg.

18 Gamswild

Die Gemsen haben ihr felsiges Gehege gleich neben den Mufflons. Wie bei den allermeisten Tieren in Olderdissen handelt es sich bei ihnen nicht etwa um Wildfänge aus alpinen Regionen, sondern um Erwerbungen aus anderen Zoos; das Gamswild kam sogar aus einem schwedischen Tierpark nach Bielefeld.

28 Steinbock

Das Gehege der Steinböcke wurde bereits zu Beginn der 1960er-Jahre oberhalb des zentralen Teiches angelegt. Die Muschelkalkfelsen von damals stammen aus einem Steinbruch in der

Sieker Schweiz. Später wurde noch tonnenweise Sauerländer Grauwacke zum Gebirgeersatz aufgetürmt. Ob seine heutigen Bewohner die spannende Geschichte über das erste hier lebende Steinwildpaar namens Uri und Uriane kennen? Im Geschichtskapitel kann man darüber lesen.

Da wäre zum Beispiel der ///
Haupttierpfleger a. D.

Hartmut Stiller

/// Wenn jemand die meisten Geschichten über den Tierpark erzählen kann, dann ist es wohl Hartmut Stiller. 31 Jahre lang hat er in Olderdissen gearbeitet, zuletzt als Haupttierpfleger, 2007 ging er in Pension. Dabei hatte es zunächst nach einer anderen beruflichen Orientierung ausgesehen. 1942 in Breslau geboren, ist er fünf Jahre lang mit einem geophysikalischen Forschungsschiff zur See gefahren. Da dachte er noch daran, Sprengmeister für Forschungssprengungen zu werden. Aber auch zu Forst und Tierpflege hatte er stets eine Beziehung: Sein Onkel war über 20 Jahre lang Revierförster und Wildparkleiter in Moritzburg bei Dresden gewesen.

1975 kam Hartmut Stiller dann nach Bielefeld. »Früher gab es hier noch viele Schaugehege«, erzählt er. »Heute haben wir mehr Tiere, aber weniger Arten.« Das garantiere eine artgerechtere Haltung und die Tiere fühlen sich wohler. »Wir haben auf unseren 15 Hektar die Anzahl der Gehege verringert, dafür wurde jedes vergrößert und verbessert.« Manchmal bedauert er es, dass so die eine oder andere Tierart im Laufe der Jahre aus Olderdissen verschwunden ist. Aber es sei eben besser für die einzelne Art. »Und so muss ein Tierpfleger auch denken und fühlen.«

Früher haben er und seine Mitarbeiter viel Zeit in das Arterhaltungsprogramm für Uhus investiert. Zum Eingewöhnen an das Leben in der freien Wildbahn hatten sie drei Zuchtpaare und insgesamt 110 Jung-Uhus in der Olderdisser »Uhu-Schule«. »Heute werden Uhus hier nicht mehr gezüchtet, weil sie in freier Wildbahn wieder genügend anzutreffen sind.«

Am spannendsten fand Hartmut Stiller seine Arbeit dann, wenn etwas geschah, das eigentlich nicht sein sollte: Tierausbrüche zum Beispiel. »Einmal hatten wir am Steinwildgehege bei einer Ausbesserung eine Stelle im Zaun offen gelassen«, erzählt er. Das haben zwei Böcke sofort ausgenutzt und sind ausgebüxt. An der Hünenburg sollen sie dann häufiger gesehen worden sein. »Aber insgesamt hat die Fangaktion acht Wochen gedauert. Erst dann bekam ich Gelegenheit, die Tiere mit dem Gewehr zu betäuben.« Wegen der Gefahr für den Autoverkehr auf der B68 hatte es Pläne gegeben, die Steinböcke zum Abschuss freizugeben. »Darum waren wir damals so da dran, die zu finden«, erklärt er die angespannte Situation.

/// Die Tiere verlassen ihn auch zuhause nicht. »Als meine beiden Töchter noch zur Schule gegangen sind, haben wir bei uns mal zwei Rehe aufgezogen«, sagt er und erinnert sich an Fotos aus der Zeit. »Da kamen dann immer Klassenkameradinnen zu Besuch, die die Kitze sehen wollten.« Inzwischen ist Hartmut Stiller Großvater von Zwillingen. »Sie sind gerade ein knappes Jahr alt. Und die beiden werden Opa und Oma als nächstes mit in den Tierpark nehmen«, freut er sich.

20 Luchse

Die Olderdisser Luchse Lea und Volker bekommen heute frisches Wisentfell zu knabbern. Volker ist schon greisenhafte 18 Jahre alt. Bevor Lea kam, teilte er das Gehege mit seinem Bruder Herbert. Namensähnlichkeiten mit den Tierparkchefs Volker (Brekenkamp) und Herbert (Linnemann) waren selbstverständlich nur rein zufällig.

Die Wildkatzen mit den Pinselohren und dem Stummelschwanz sind nach Bär und Wolf die größten in Europa beheimateten Raubtiere. 1888 wurde der Luchs in Deutschland ausgerottet, seit etwa 1950 bemüht man sich um seine Wiederansiedelung.

11 Marderhunde

Die geselligen Marderhunde sehen ein bisschen aus wie eine Mischung aus Waschbären, Mardern und Hunden. Die »Enok« genannte Tierart stammt ursprünglich aus den weiten Wäldern Sibiriens und Chinas, seit einigen Jahrzehnten sind Marderhunde aber als Neozoen (griechisch »Neutiere«) in ganz Mitteleuropas ansässig. Wahrscheinlich sind sie extra wegen Tierpflegerin Louisa ausgewandert.

19 Wildkatzen

Wildkatzen, ihrem lateinischen Namen »Felis silvestris« nach auch Waldkatzen genannt, kommen in unseren heimischen Wäldern selten wieder vor. Die extrem scheuen Tieren galten in

Deutschland lange als nahezu ausgerottet. Das aktuelle Olderdisser Pärchen hört auf die Namen »Garfield« und »Miezekatze«. Wenn es im Ge- hege allzu langweilig wird, werden sie von den Tierpflegern mit versteckter Katzenminze, Zimt und Currypulver auf Trab gehalten.

25 Schwarzstorch

In der großen und begehbaren Greifvogelvoliere gegenüber der Luchskanzel hatten früher See-, Stein- und Schreiadler ihren Platz. Nachdem mehrere der teuren und seltenen Tiere über Nacht gestohlen worden waren, bekamen die verbliebenen Greifvögel kurzerhand einen neuen Mitbewohner: den Schwarzstorch.

24 Schwarzmilane

Schwarzmilane und Turmfalken teilen ihre Voliere nun mit einem Kollegen, der – obgleich kein Greifvogel – zur Hauptattraktion der luftigen Behausung wurde. Der Schwarzstorch,

der als Zugvogel zwischen Afrika und den Wäldern unserer Breiten pendelt, ist
in freier Natur kaum anzutreffen – obgleich Brutplätze der bedrohten und sehr ver-
steckt lebenden Tiere etwa im Eggegebirge wieder nachgewiesen sind.

Dieter Boguschewski

/// Dass er mal in Olderdissen als Tierpfleger landet, hätte Dieter Boguschewski früher nicht gedacht. Ursprünglich ist er Bauschlosser von Beruf, und nachdem er mit seinen Eltern 1980 von Masuren nach Deutschland gekommen war, hatte er zunächst auch als Schlosser in Sennestadt gearbeitet. Einige Trichter der Müllverbrennungsanlage, erinnert er nicht ohne Stolz, wurden von ihm hergestellt.

Der Betrieb seiner Firma musste bald eingestellt werden. Die Familie hält aber zusammen: Sein Vater war in Ostpreußen früher Förster gewesen und arbeitete zu der Zeit bereits als Tierpfleger in Bielefeld. Und er war es auch, der seinen 1956 geborenen Sohn zum Tierpark vermittelte. »Bevor du arbeitslos wirst: Hier ist eine Stelle frei«, hat er zu ihm gesagt.

Und so hat Dieter Boguschewski den Wandel des Tierparks in den letzten Jahrzehnten miterlebt. »Früher haben wir die Wasserrohre noch per Hand verlegt«, erzählt er. »Da war die Arbeit mit Schaufel, Hacke und Spitze an der Tagesordnung. Heute geht nichts mehr ohne den Bagger.« Er erinnert sich auch daran, wie viel die Tierpfleger damals am Tag laufen mussten. »Wir hatten Muskelkater ohne Ende. Wenn ich schon daran denke, kommen die Schmerzen wieder«, sagt er augenzwinkernd. Heute fahren die Mitarbeiter oft auf kleinen Treckern von Gehege zu Gehege.

/// Von den Tieren steht Dieter Boguschewski der Rothirsch besonders nahe. »Weil der sehr oft in meiner Heimat vorkommt. Durch seine Anwesenheit fühle ich mich hier im Tierpark ein bisschen wie zuhause in Masuren.« Vor allem die kurze Zeit der Hirschbrunft findet er faszinierend und beeindruckend. »Es ist ganz erstaunlich, wie viel Aufwand und Mühen so ein Hirsch auf sich nimmt, um seinen Harem nicht zu verlieren«, sagt er verschmitzt. »Wenn man sich in freier Wildbahn in aller Stille in einem Rotwildrevier einfindet und der Hirsch plötzlich mehrfach laut röhrt, dann macht man sich vor Schreck beinahe in die Hose.«

Mit seiner Frau und seinen beiden Töchtern war er früher oft auch privat im Tierpark zu Besuch. Seine Töchter sind mittlerweile erwachsen, 30 und 26 Jahre alt. »Die Große kommt dafür jetzt mit ihrer kleinen Tochter her«, sagt er lächelnd.

/// Und Boguschweski hat Humor. Das merkt man gleich, wenn man mit ihm in Kontakt kommt. Als ihn die dreijährige Marlene im Tierpark trifft und fragt »Wie heißt du?«, antwortet er lächelnd: »Ich bin der Tierpfleger Ottokar.« Den gleichnamigen Olderdissen-Hit der Bielefelder Band »Randale« erkennt Marlene natürlich sofort und ruft begeistert: »Die CD haben wir zuhause auch!«

30 Rotwild

Dass so ein Rothirsch Jahr für Jahr innerhalb von knapp 5 Monaten rund 6 Kilogramm Knochenmaterial auf seiner Schädeldecke produziert, nur um es jedes Jahr im späten Winter – bestenfalls nach erfolgreicher Beeindruckung eines Artgenossen – wieder abzuwerfen, das ist schon atemberaubend!

31 Sikawild

Sikawildkitz hinter Maschendraht – bei solch einem Foto wird manchem Tierfreund traurig ums Herz. Das Tier mit dem Bambi-Nimbus verdeutlicht, dass wir uns in Olderdissen selbstverständlich in einem Zoo befinden und nicht in einem Tierparadies; artgerechte Tierhaltung hin oder her. Aber zur Beruhigung: Jenseits des Zauns hat das Kitz viel Platz, um gut heranzuwachsen.

Wölfe gab es schon in den 1930er- und in den 1970er-Jahren in Olderdissen zu sehen, damals allerdings nur in eher deprimierenden »Wolfszwingern«. 1991 wurde das Gehege neben dem Steinbockfelsen gebaut. Das Wolfspaar Maike und Ringo lebte hier über einige Jahre; ihr Geheul schallte vom Wolfshügel aus oft über ganz Olderdissen.

Die Tatzenabdrücke an der Plexiglasscheibe, die den Besuchern Einblick ins Gehege verschafft, sind übrigens auf der Innenseite: echte »Wolfspranken« also!

29 Wölfe

Per Tunnel wurde den Wölfen im Jahr 2009 der Zugang zu einem
neuen, jetzt insgesamt rund 6.000 Quadratmeter großen Gehege
im naturnahen Buchenwald ermöglicht. Der Altrüde Ringo
hatte leider nicht mehr viel davon, er verstarb bald. Leitwölfin

Maike musste 2011 altersbedingt eingeschläfert werden. Jetzt bevölkern ihre Nachfolger, ein Geschwisterrudel, das schöne Gehege. Die Besucher können auf einem langen Holzsteg mitten durchs Wolfsrevier spazieren und Kira, Laika, Luna, Ronja und Smilla dabei beobachten, wie das Rudelleben auch ohne Rüden gut funktioniert.

32 Damwild

Das offene, weideartige Damwild-Areal bildet den Abschluss des Tierparks zum Johannistal hin. Der Hirsch mit dem charakteristischen Schaufelgeweih leitet seine »Damtiere«, wie die Weibchen in der jagdlichen Fachsprache heißen, stolz durchs Gehege.

32a Dachs

Im neuen Dachsgehege leben die Schwestern Lili und Silva. Nachdem ihre Mutter überfahren worden war, buddelte ein aufmerksamer Jagdpächter die Jungtiere aus dem Bau. Die Wildfänge wurden an der Flasche aufgezogen und sind entsprechend zahm.

Da wäre zum Beispiel ///
der **Mann für alle Felle**

Abram Regier

/// Abram Regier verbringt ganz besonders viel Zeit im Tierpark. Und das liegt nicht etwa daran, dass seine Arbeitszeiten länger als die seiner Kollegen wären. Er *wohnt* im Tierpark, genauer gesagt: im alten Leibzuchthaus des Meierhofs, dem heutigen Verwaltungsgebäude. Hier lebt er mit seiner Frau und seiner Tochter im Erdgeschoss, hat direkten Blick auf die Wisentweide und kann jeden Besucher vom Parkplatz kommen sehen.

Eigentlich stammt er aus Orenburg am russischen Ural, dort wurde er 1960 geboren. Bevor er mit seiner Familie 1991 als Spätaussiedler nach Deutschland kam und hier sofort Tierpfleger wurde, hatte er dort schon viel mit Tieren zu tun gehabt. In seinem landwirtschaftlichen Betrieb hatte er eine Kuh, ein Kalb, zwei Schweine und im Winter auch zehn Hühner.

Wegen der Nähe zum Tierpark ist er auch mal außerhalb seiner Dienstzeiten für die Tiere da. Wenn zum Beispiel ein verletzter Vogel gebracht wird, nimmt er ihn in der Aufnahmestation an. Früher hat er sowas alleine erledigt und musste entsprechend oft raus; heute teilt sich ein Kollege diese Aufgabe mit ihm. Regiers Frau Anna ist übrigens ebenfalls in Olderdissen beschäftigt: Sie arbeitet im Tierparkshop und verkauft dort allerlei Souvenirs, Bücher und CDs.

Anfangs hat sich Abram Regier auch um die Revierpflege gekümmert. »In Olderdissen wechseln die Pfleger sich jährlich für die vier Reviere der Raubtiere, Pferde, der Schalentiere und der Vögel ab«, sagt er. Seit einigen Jahren sorgt er nun hauptsächlich dafür, dass sich die Tiere in ihren Gehegen wohlfühlen: Er baut ihnen artgerechte Umgebungen. Seinen Bauarbeiten ist es mit zu verdanken, dass im Tierpark fast nichts mehr so ist wie noch vor 20 Jahren: »Es gab keine Bären, keinen Vielfraß, kein Fuchsgehege und auch keine Marderscheune«, sagt er nicht ohne Stolz. Derzeit ist er mit dem neuen Dachsbau beschäftigt. Und wenn seine Schicht auf ein Wochenende fällt, ist der »Mann für alle Felle« auch wieder für die Tiere selbst da.

Legendär ist die Geschichte, als Abram Regier einmal die Fensterscheiben des Fischotterbeckens reinigen wollte. Dazu musste Regier in Badehose und mit Tauchausrüstung ins Wasser steigen. Ein Kollege sollte währenddessen auf die Otter aufpassen. Doch ein Tier entwischte ins Becken und wollte mit dem Tierpfleger spielen. »Aber wenn der Fischotter spielen will, dann fängt er an, um dich herum zu schwimmen und zu kneifen. Und das tut ganz schön weh«, lacht Regier. »Ich war noch nie so schnell wieder aus dem Becken raus.«

/// Übrigens ist er einer der wenigen Olderdisser Tiepfleger, die privat keine Haustiere halten. Das hat einen Grund. »Ich wohne hier ja mittendrin. Ich hab den ganzen Park und alle Tiere für mich.«

33 Stauweiher

Der große Stauweiher ganz im Osten des Tierparks
bildet für viele Besucher, die von Bielefeld aus
zu Fuß Olderdissen erreichen, die Eingangspforte.

Entenfamilien und Höckerschwäne begrüßen die Gäste. Und mitten im Weiher eine lebensgroße Grauwalflosse; diese steinerne »Fluke« stammt vom Bielefelder Künstler Klaus Kobusch und soll an den notwendigen Schutz der faszinierenden und leider bedrohten Meeressäuger erinnern.

Ein langer Holzsteg führt zur »Biberburg«, der Heimstatt von »Moritz von Arbing« und seinen Kollegen. Mit Moritz, einem als »Problembiber« titulierten Wildfang aus Bayern, begann im Jahr 2007 die Biberzucht. Schon bald darauf haben die Nager ihre erste Erle gefällt, mittlerweile ist man zu sechst.

33 Biber & Nutrias

Den erst ab der Abenddämmerung aktiven Bibern stehen die auf den ersten Blick recht ähnlichen, dafür tagaktiven Nutrias zur Seite, auch »Biberratten« genannt und ursprünglich aus Südamerika stammend. Ob Biber und Nutrias auf Dauer in Olderdissen harmonieren, wird sich noch zeigen.

Zugegeben, das Wildschwein-gehege wirkt erst mal etwas grau in grau – oder besser: erd- und schlammfarben. Das liegt natürlich daran, dass hier fast jegliches Grün fehlt. Im Gehege hat die aufkeimende Flora eben keine Chance gegen eine ganze Rotte wühlender Schwarzkittel. In freier Wildbahn legen die Paarhufer weite Strecken zu-rück und nutzen einen entspre-chend großen Lebensraum.

35 Wildschweine

Das Areal von Keiler Karlchen und seiner Wildschweinfamilie, gleich am Weg zum Stauweiher gelegen, kommt überwiegend ohne hohe Zäune aus. Ein Graben längs des Wegs hindert die Schwarzkittel an der Flucht und ermöglicht den Besuchern beste Einsichten in die Wildsau-Suhle, wo besonders die jungen Ferkel oft eindrucksvoll ihre Schnelligkeit in »Rottenrennen« demonstrieren.

36 Silberfüchse

Bekanntlich ist es der Rotfuchs, der in unseren Wäldern lebt, und nicht seine Zuchtform, der Silberfuchs. Es gibt aber gute Gründe, weshalb in dem schönen Fuchsgehege an der Böschung des Older-

disser Bachlaufs Silberfüchse zu sehen sind: Die aus der Farmzucht stammenden Tiere sind tagaktiv und wesentlich weniger scheu als ihr rotfelliges, nachtaktives Pendant. So kann der Besucher ihnen gut dabei zusehen, wie die hundeartigen Raubtiere aus ihren unzähligen Fuchslöchern auf die Baumplattformen wechseln und zurück.

37 Vielfraße

»Gulo gulo« heißen sie laut wissenschaftlicher Artbezeichnung, in ihrer skandinavischen Heimat nennt man sie »Järv«. Ihrer etwas tumben, bärenartigen Bewegungen wegen werden sie auch »Bärenmarder« genannt. Tatsächlich sind die »Vielfraße« die größten Vertreter der Marderfamilie. Der Name hat nichts mit ihren Fressgewohnheiten zu tun, sondern entstand über die Verballhornung des altnordischen »Fjellfräs«, was »Gebirgskatze« bedeutet.

Bei so viel Namenswirrwarr nennt man die beiden Olderdisser Exemplare am besten schlicht Erna und Paul. Die leben schon seit 12 Jahren zusammen. Der gute Paul ist mittlerweile erblindet, kommt in dem Gehege mit Klettersteinen und Baumstämmen aber gut zurecht.

38 Marderscheune

Die Marderanlage wurde 2002 im Stil einer Fachwerkscheune errichtet; sie gehört somit nicht zum historischen Ensemble des alten Meierhofs. Ihren Bewohnern, dem Baum- und Steinmarder sowie dem iltisfarbenen Frettchen, ist solch ein baugeschichtliches Detail natürlich egal. Sie freuen sich über insgesamt 150 Quadratmeter Grundfläche, viele Schlupfwinkel zwischen alten Ackergerätschaften und den Klettermöglichkeiten hinauf bis unter den Dachstuhl.

Zoo zum Anfassen ///

39 Streichelzoo

Besonders die jüngsten Tierparkbesucher schätzen einen Bereich ganz besonders: den mit dem großen und übersichtlichen Spielplatz über eine abenteuerliche Holzbrücke verbundenen Streichelzoo. Die großen und kleinen, jungen und alten Ziegen kennen den Trubel und freuen sich – mal mehr, mal weniger – über das in Olderdissen am Automaten erwerbbare Spezialfutter und vorsichtige Streicheleinheiten.

41 Meerschweinchen & Eichhörnchen

Ganz in der Nähe der Ziegen leben auch die bei Kindern sehr beliebten Meerschweinchen und Eichhörnchen. Meerschweinchen heißen übrigens so, weil die aus den Anden stammenden Tiere auf Schiffen übers Meer nach Europa kamen.

Die Gaststätte »Meierhof« wird seit der Renovierung im Jahr 2003 zeitgemäß und mit Niveau geführt. Zur Restauration gehört die große Deele im alten Hofgebäude, die Cafébar an dessen Rückfront, der Biergarten rings ums Haus und der Pavillon für die beherzte Ausgabe von Fritten mit Currywurst. In unmittelbarer Spielplatznähe können Mama und Papa bei Bier oder Kaffee entspannen, während der Nachwuchs rumtobt.

Essen & Trinken

Eine leuchtende Infotafel zur Geschichte des Meierhofs und der originale Inschriftenstein von 1544 (siehe S. 23) sind in der Cafébar zu sehen.

43 Präparate-Sammlung

Präparate-Sammlung und Tierpark-Shop befinden sich im Gebäude oberhalb vom Spielplatz. Das ist hier Mitte der 1970er-Jahre anstelle des historischen »hellen Pavillons« aus dem Jahr 1912 errichtet worden; letzterer war im April 1974 mitsamt 283 ausgestopften Tiere abgebrannt, nach und nach wurde die Sammlung dann wieder aufgebaut. Zu kaufen gibt es neben Tierparkbüchern und -CDs auch allerlei Souvenirs, vom Aufkleber übers T-Shirt bis zur »Tierpark-Butterbrotdose«.

Hinter den Kulissen

Werkstätten, Stallungen, Garagen – Wasch-, Umkleide- oder Sozialräume für die Mitarbeiter: Natürlich gibt es neben den öffentlich zugänglichen Bereichen des Tierparks auch solche, die man als Besucher nicht sieht. Wie etwa die Futterküche. Die

Nahrungszubereitung für die rund 450 Tiere hinter den Kulissen zu sehen, ist natürlich etwas anderes als eine gemütliche Tierparkrunde bei bestem Wetter zu drehen– sie gehört aber dazu wie der Metzger zum Kotelett. Massenweise Hühnerküken gibt es da genauso wie die tags zuvor notgeschlachtete Wisentkuh. Genug hungrige Raubtiere warten in Olderdissen schließlich auf ihre tägliche Fleischration.

Thomas Düe

/// Thomas Düe ist mit Herz und Seele für den Tierpark da. Und auch allzeit bereit. »Kippt ein Baum um, bin ich sofort zur Stelle«, sagt der Handwerker, der ganz in der Nähe des Parks wohnt. Seine Bereitschaft kann ihn auch gelegentlich die Nachtruhe kosten. »Vor ein paar Jahren ist ein Betrunkener, der von einer Maifeier kam, über den Elektrozaun ins Bärengehege gefallen«, erzählt der gelernte Tischler. Da musste Düe, der in einem solchen Fall ein Alarmsignal erhält, sofort ausrücken. Zum Glück ist damals aber nichts passiert. »Die Tiere sind nachts im Bärenhaus eingeschlossen.«

Thomas Düe, Jahrgang 1967, ist seit November 1995 in Olderdissen beschäftigt. »Ich kenne den Tierpark aber von klein auf«, sagt er. »Ich kann mich noch gut an die kleineren Eich- und Streifenhörnchengehege erinnern.« Dort, wo heute die Marderhunde anzutreffen sind, waren in seiner Kindheit die Wölfe beheimatet, »und beim Hühnerwagen waren früher Flamingos«. Er hatte schon immer Interesse daran, mal als Tierpfleger in Olderdissen zu arbeiten. Doch daraus ist zunächst nichts geworden. Nach einer Tischlerlehre bei einer Bielefelder Firma kam Thomas Düe dann aber doch noch im Park unter: als einer von zwei Handwerkern.

Und die Anstellung stellte sich als sein Traumjob heraus, denn es bleibt in seinem Arbeitsalltag nicht beim simplen Reparieren von Zäunen oder Toren. »Wir sind auch bei den Planungen der Gehege von Anfang an mit dabei«, erzählt er. Und: »Wir sind alle miteinander verzahnt.« Wenn die Handwerker mal keine Gräben ziehen oder Wege reparieren, mähen sie auch das Heu für die Tiere. »Und wenn die Tierpfleger mal Hilfe brauchen, dann springen wir ein und helfen ihnen.« In Olderdissen hilft eben einer dem anderen. Oder wie Thomas Düe sagt: »Hier ist alles ein bisschen gröber.«

In seinem privaten Umfeld assoziiert man den passionierten Jäger mittlerweile sofort mit dem Tierpark. »Wenn irgendwo ein Reh angefahren wird, dann werde ich gleich angerufen, um mich darum zu kümmern.« Was Düe gerne tut. Seine Tierliebe hört auch zuhause nicht auf. Neben zwei Hunden – einem Weimaeraner und einem Spitz – hält die Familie Düe noch Hühner und zwei Katzen. Und der Tierpark spielt auch im Leben seiner Frau Tanja und seiner drei Töchter eine Rolle. »Tanja arbeitet hier im Souvenirshop und meine Töchter haben mich schon zigmal von der Arbeit abgeholt«. Beim Bielefelder »Social Day« haben die 11- bis 18-jährigen Mädchen bereits in Olderdissen gearbeitet, und eine von ihnen hat dort sogar ein Praktikum gemacht.

/// Neben dem Spaß konnte Thomas Düe im Laufe der Jahre noch einen angenehmen Nebeneffekt an seiner Arbeit feststellen: »Dadurch, dass man bei jeder Witterung draußen ist, wird man nicht so schnell krank. Ich war es jedenfalls schon ganz lange nicht mehr.«

Das Team ///

Impressum

tpk-Regionalverlag
Arndtstraße 59, 33615 Bielefeld
www.tpk-verlag.de

© 2011 | Alle Rechte vorbehalten

Fotografie: Sven Nieder
Texte & Konzept: Roland Siekmann
Gestaltung: Björn Pollmeyer

Mitarbeiter-Interviews: Rouven Ridder
Karte & Illustrationen: Peter Zickermann

Schriften: »Vollkorn« von Friedrich Althausen
und »Museo« von Jos Buivenga

Druck: Hans Kock Buch- und Offsetdruck

ISBN 978-3-936359-48-0

Bildnachweis

Alle Fotos von Sven Nieder,
außer Foto S. 65: Roland Siekmann;
Titelfoto [m]

Archivalien

mit bestem Dank an die Leihgeber

Archiv Roland Siekmann: S. 26 o.
Sammlung Herbert Kölsch:
S. 20 u., 22, 25 o., 26 m., 70 u.
Stadtarchiv Bielefeld:
S. 18/19, 20 o., 24, 25 u., 26 u., 27, 66/67, 68,
69, 70 o., 71, 72